NB/T 42052—2015

目　次

前言 ……… III
引言 ……… IV
1　范围 …… 1
2　规范性引用文件 …………………………………………………………………………………………… 1
3　总则 …… 1
4　机组启动试运行前的检查 ………………………………………………………………………………… 1
　　4.1　引水系统的检查 ……………………………………………………………………………………… 1
　　4.2　水轮机的检查 ………………………………………………………………………………………… 2
　　4.3　水轮机控制系统的检查 ……………………………………………………………………………… 2
　　4.4　水轮发电机的检查 …………………………………………………………………………………… 3
　　4.5　励磁系统的检查 ……………………………………………………………………………………… 3
　　4.6　油、气、水系统的检查 ……………………………………………………………………………… 3
　　4.7　电气一次设备的检查 ………………………………………………………………………………… 3
　　4.8　电气二次系统及回路的检查 ………………………………………………………………………… 4
　　4.9　消防系统及设备、安全隔离设施的检查 …………………………………………………………… 4
5　机组充水试验 ……………………………………………………………………………………………… 4
　　5.1　充水条件 ……………………………………………………………………………………………… 4
　　5.2　尾水管充水 …………………………………………………………………………………………… 5
　　5.3　机组进水流道充水 …………………………………………………………………………………… 5
　　5.4　充水平压后的检查和试验 …………………………………………………………………………… 5
6　机组空载试运行 …………………………………………………………………………………………… 5
　　6.1　启动前的准备 ………………………………………………………………………………………… 5
　　6.2　首次手动启动试验 …………………………………………………………………………………… 6
　　6.3　机组空负荷运行下水轮机控制系统的试验 ………………………………………………………… 7
　　6.4　手动停机及停机后的检查 …………………………………………………………………………… 7
　　6.5　过速试验及检查 ……………………………………………………………………………………… 8
　　6.6　无励磁自动开机和自动停机试验 …………………………………………………………………… 8
　　6.7　水轮发电机升流试验 ………………………………………………………………………………… 8
　　6.8　水轮发电机升压试验 ………………………………………………………………………………… 9
　　6.9　水轮发电机空负荷下励磁系统的调整和试验 ……………………………………………………… 10
7　机组带主变压器及高压配电装置试验 …………………………………………………………………… 10
　　7.1　短路升流试验 ………………………………………………………………………………………… 10
　　7.2　单相接地试验 ………………………………………………………………………………………… 10
　　7.3　升压试验 ……………………………………………………………………………………………… 10
　　7.4　高压配电装置母线受电试验 ………………………………………………………………………… 10
　　7.5　电力系统对主变压器冲击合闸试验 ………………………………………………………………… 10
8　机组并列及负荷试验 ……………………………………………………………………………………… 11
　　8.1　机组并列试验 ………………………………………………………………………………………… 11

I

8.2 机组带负荷试验	11
8.3 机组甩负荷试验	11
8.4 机组调相运行试验	12
8.5 机组进相运行试验	12
8.6 机组最大出力试验	12
9 机组72h带负荷连续试运行	12
附录A（资料性附录） 水轮发电机组甩负荷试验记录表格式	13

前 言

本标准按照 GB/T 1.1—2009 给出的规则起草。

本标准由中国电器工业协会提出。

本标准由能源行业小水电机组标准化技术委员会（NEA/TC14）归口。

本标准主要起草单位：水利部农村电气化研究所、浙江金轮机电实业有限公司、潮州市汇能电机有限公司、华自科技股份有限公司、南京南瑞集团公司、湖南汉龙水电设备股份有限公司、赣州发电设备成套制造有限公司、广东省源天工程公司、浙江省水利水电勘测设计院、湖南零陵恒远发电设备有限公司、湖南省水利水电勘测设计研究总院、天津电气科学研究院有限公司。

本标准主要起草人：徐伟、张联升、陈喜荣、黄文宝、李建华、曾江生、李德红、曹岸斌、吴伟文、谢丽华、苏清杰、吴韬、李晓峰、张文红、李丰、房玉敏。

引 言

本标准部分内容是在 DL/T 507 的基础上，根据小水电机组的特点进行编写，作为小水电机组启动试验的依据。

NB/T 42052—2015

小水电机组启动试验规程

1 范围

本标准规定了小水电机组（含水轮机、水轮发电机，以下简称机组）及其附属设备（含水轮机进水阀、水轮机控制系统、励磁系统以及监控、保护和直流电源系统）的启动试运行试验程序和要求。

本标准适用于水轮发电机组单机容量在 0.5MW～15MW 之间（不包括 15MW），且转轮直径小于 3.3m 的混流式、轴流式、冲击式水轮机；与水轮机直接连接的三相凸极同步水轮发电机（以下简称水轮发电机）及其附属设备。

单机容量小于 0.5MW 的水电机组及其附属设备可参照执行。

2 规范性引用文件

下列文件对于本文件的应用是必不可少的。凡是注日期的引用文件，仅所注日期的版本适用于本文件。凡是不注日期的引用文件，其最新版本（包括所有的修改单）适用于本文件。

GB/T 7409.3 同步电机励磁系统 大、中型同步发电机励磁系统技术要求
GB/T 9652.1 水轮机控制系统技术条件
GB/T 9652.2 水轮机控制系统试验
DL/T 507 水轮发电机组启动试验规程

3 总则

3.1 机组及其附属设备安装完毕并检验合格后，应进行启动试运行试验，试验合格及交接验收后方可投入商业运行。

3.2 除本标准规定的启动试运行试验项目外，允许根据电站条件和设备特点适当增加试验项目。

3.3 对机组启动过程中出现的问题和存在的缺陷，应及时予以处理和消除。

3.4 机组的继电保护、自动控制、测量仪表等装置和设备，以及与机组运行有关的电气回路、电气设备等，均应安装完毕并根据相应的专用规程试验合格。

3.5 机组启动试运行过程中应充分考虑上、下游水位变动对边坡稳定及库区河道周围环境的影响，以保证试运行工作的正常进行。

4 机组启动试运行前的检查

4.1 引水系统的检查

4.1.1 进水口拦污栅安装完毕并检验合格，清理干净。对于装有差压传感器的拦污栅，传感器及测量仪表安装完毕并检验调试合格。

4.1.2 进水口闸门、门槽安装完毕并检验合格，清理干净。检修闸门、工作闸门、充水阀、启闭装置在无水情况下手动、自动操作均调试合格，启闭正常，启闭时间符合设计要求。工作闸门处于关闭状态。

4.1.3 压力管道、调压井（或调压阀）及通气孔均检验合格，清理干净。灌浆孔已封堵。测压头、测压管阀门、测量表计均安装完毕。压力管道上若有测流量装置，无水调试应合格。伸缩节间隙应均匀，盘根有足够的紧量。非本期发电部分的分叉管阀门可靠关闭并锁定，或闷头可靠封堵。所有进人孔（门）的盖板均严密封闭。

4.1.4 进水阀（包括蝴蝶阀、球阀或闸阀）及旁通阀安装完毕并调试合格，启闭正常，处于关闭状态并

锁定。油压装置及操作系统安装完毕并检验合格，油泵运转正常。

4.1.5 蜗壳、转轮室及尾水管清理干净，固定转轮用的楔子板、转轮的悬挂吊具、尾水检修平台或临时支座等均拆除。

4.1.6 进水流道及尾水流道排水阀启闭正常并处于关闭位置。

4.1.7 尾水闸门、门槽及其启闭装置安装完毕并检验合格，清理干净，启闭正常。尾水闸门处于关闭状态，尾水闸门启闭机及抓梁可随时投入工作。

4.1.8 电站上下游水位测量系统安装完毕并调试合格，水位信号远传正确。

4.2 水轮机的检查

4.2.1 水轮机所有部件安装完毕并检验合格，施工记录完整。止漏环间隙或轴流式水轮机转轮叶片与转轮室间隙无遗留杂物。

4.2.2 真空破坏阀安装完毕，严密性渗漏试验合格，设计压力下动作正常。

4.2.3 顶盖排水泵安装完毕，检验合格，手动/自动操作回路正常。自流排水孔通畅。

4.2.4 主轴工作密封与检修密封安装完毕，检修密封无渗漏，工作密封水压符合设计要求。

4.2.5 水导轴承润滑冷却系统检查合格，油位、温度传感器及冷却水压力整定值符合设计要求。

4.2.6 导水机构安装完毕并检验合格，且处于关闭状态，接力器锁锭投入。导叶最大开度和关闭后的严密性及压紧行程符合设计要求。剪断销剪断信号或其他导叶保护装置试验合格。冲击式机组喷针和接力器均处于关闭状态。

4.2.7 各测压表计、示流计、流量计、摆度和振动传感器及变送器均安装完毕并检验合格。管路、线路连接正确，过流通畅。

4.2.8 尾水补气装置安装完毕并检验合格，且处于关闭状态。在确认尾水不会倒灌的前提下，水轮机主轴自然补气阀应处于开启状态。

4.3 水轮机控制系统的检查

4.3.1 机组的水轮机控制系统设备，包括调速器（操作器）、油压装置，安装完毕并检验合格，工作正常。油压装置压力、油位正常。控制系统用油化验合格。各部表计、阀门、自动化元件均整定符合设计要求。

4.3.2 油压装置油泵运行正常，无异常振动和发热。回油箱油位继电器动作正常，手动、自动调试合格。自动补气装置工作正常。

4.3.3 油压装置油泵启动至额定油压后，调速器液压装置及各油压管路、阀门、接头及部件等均无渗漏。油压装置安全阀动作压力符合设计要求。

4.3.4 调速器电气柜安装完毕并调试合格。接力器开度校正完成。调速器的机频和网频信号接入正常。电液转换装置工作正常。

4.3.5 接力器锁锭装置调试合格，信号指示正确，处于锁定状态。

4.3.6 手动操作控制系统，检查控制设备及导水机构的联动操作，应在全行程内灵活可靠，动作平稳。检查接力器行程和调速器柜的导叶/喷针开度指示器的一致性，记录导叶/喷针开度与接力器行程的关系曲线，应符合设计要求。

4.3.7 事故配压阀和分段关闭装置等均调试合格，检查导叶/喷针关闭时间，应符合设计要求。

4.3.8 蓄能器的初始压力正常。

4.3.9 转桨式水轮机桨叶转角与实际开度一致。模拟各种水头下导叶和桨叶协联关系曲线，应符合设计要求。

4.3.10 在蜗壳或配水环管无水的情况下，记录事故低油压关机压力油罐的压力和油位的下降值；测量液压操作机构的最低操作油压，应符合设计要求。

4.3.11 进行控制系统各种模拟操作试验，检查自动开机、停机和紧急事故停机工况下各部件动作的准确性和可靠性。完成调速器静态特性试验。

4.3.12 测速装置安装完毕并检验合格，继电器接点已按要求初步整定。具有控制调压阀功能的调速器，其液压联动试验调试整定合格。

4.4 水轮发电机的检查

4.4.1 发电机整体安装完毕并检验合格，记录完整。发电机内部彻底清扫，定、转子及气隙内无任何杂物。

4.4.2 导轴承及推力轴承油位、温度传感器及冷却水压（或流量）整定值符合设计要求。油冷却系统工作正常。

4.4.3 推力轴承的高压油顶起装置调试合格，压力继电器工作正常，单向阀及管路阀门均无渗漏。

4.4.4 发电机风罩以内所有阀门、管路、接头、电磁阀、变送器等均检查合格，工作正常。

4.4.5 发电机转子集电环、碳刷、碳刷架已检验，碳刷与集电环接触正常并调试合格。

4.4.6 发电机风罩内所有电缆、导线、辅助线、端子板均检查合格，固定牢靠。

4.4.7 发电机机械制动系统的手动、自动操作检验调试合格，动作正常，处于手动制动状态。

4.4.8 发电机的空气冷却器检验合格，气管、水管通畅，阀门及管路无渗漏。

4.4.9 监测发电机工作状态的各种表计、振动和摆度传感器、轴电流接地装置等均安装完毕，调试、整定合格。

4.4.10 设有外循环润滑系统的机组应在机组启动前进行油系统的单独调试，整定合格。

4.5 励磁系统的检查

4.5.1 励磁变压器安装完毕，试验合格，高、低压侧连接线与电缆及相序已检验合格。

4.5.2 发电机机端电压互感器及电流互感器信号相序及极性校验正确。

4.5.3 励磁系统盘柜安装完毕，检查合格，主回路连接可靠，绝缘符合要求。

4.5.4 励磁功率柜冷却系统正常。

4.5.5 灭磁开关分合正常。

4.5.6 励磁调节器静态试验符合设计要求。

4.5.7 励磁操作、保护及信号回路接线正确，动作可靠，表计校验合格。

4.6 油、气、水系统的检查

4.6.1 机组冷却水系统的滤水器、冷却器及供水环管、阀门、接头等均安装完毕并检验合格；压力表、压力变送器、示流信号器、测温元件等自动化元件经检验合格，整定值符合设计要求。机组冷却水系统处于正常投运状态。

4.6.2 渗漏排水和检修排水系统的各排水泵手动/电动工作正常，水位变送器等自动化元件经检验合格，整定值符合设计要求。渗漏排水系统和检修排水系统处于正常投运状态。

4.6.3 油系统已投入运行部分应能满足该台机组供油和排油的需要，处于正常投运状态。油质经化验合格。

4.6.4 压缩空气系统的空气压缩机均已调试合格，储气罐及管路系统无漏气，管路通畅。各压力表计、温度计、流量计、安全阀及减压阀工作正常，整定值符合设计要求。压缩空气系统处于正常投运状态。

4.6.5 各管路、附属设备按规定涂漆，标明流向；各阀门标明开关方向，挂牌编号，处于正常投运状态。

4.7 电气一次设备的检查

4.7.1 发电机主引出线、机端电流互感器等安装完毕并检验合格。中性点设备安装完毕并调试合格。

4.7.2 发电机配电装置、开关柜等安装完毕并检验合格。

4.7.3 发电机母线及其设备安装完毕并检验合格，具备带电试验条件。

4.7.4 主变压器安装完毕并调试合格，分接开关置于系统要求的给定位置，冷却系统调试合格，具备带电试验条件。相序检查完成。中性点设备安装完毕并调试合格。

4.7.5 厂用电设备安装完毕，检验并试验合格，工作正常。备用电源自动投入装置检验合格，工作正常。

4.7.6 与机组发电及输出有关的高压配电装置安装完毕并检验合格，一次回路倒送电正常。

4.7.7 接地网和设备接地检验并测试合格。

4.7.8 厂房照明安装完毕，主要工作场所、交通道和楼梯间照明检查合格，疏散指示灯、事故照明以及油库、蓄电池室等防爆灯检查合格。

4.8 电气二次系统及回路的检查

4.8.1 机组电气控制和保护设备及盘柜均安装完毕，检查合格。电缆接线正确，连接可靠。

4.8.2 计算机监控系统的现地控制单元和公用设备控制单元等均安装完毕，并与被控设备调试合格。中央控制室的集中监控设备及不间断电源等设备均安装完毕，检验合格。

4.8.3 直流电源设备安装完毕并检验合格，工作正常；逆变装置及其回路检验合格。

4.8.4 检查并模拟试验下列电气操作回路，动作应正确可靠：
   a) 进水口闸门自动操作回路；
   b) 进水阀自动操作回路；
   c) 机组自动操作与水力机械保护回路；
   d) 水轮机控制系统电气操作回路；
   e) 发电机励磁操作回路；
   f) 发电机配电装置操作回路；
   g) 直流及中央音响信号回路；
   h) 全厂公用设备操作回路；
   i) 厂用电设备操作回路；
   j) 备用电源自动投入回路；
   k) 同期操作回路；
   l) 各高压断路器、隔离开关的自动操作与安全闭锁回路。

4.8.5 检查并模拟试验下列继电保护回路，动作应正确可靠：
   a) 厂用电继电保护回路；
   b) 发电机继电保护与故障录波回路；
   c) 主变压器继电保护与故障录波回路；
   d) 高压配电装置继电保护回路；
   e) 输电线路继电保护与故障录波回路；
   f) 其他继电保护回路；
   g) 温度、压力、水位、振动、摆度等仪表测量回路。

4.8.6 厂内通信、系统通信及对外通信等设施均安装调试完毕，检查合格。

4.9 消防系统及设备、安全隔离设施的检查

4.9.1 与启动试验机组有关的主副厂房等区域的消防设施安装完毕，符合消防设计与规程要求，并已通过消防部门验收。

4.9.2 火灾报警与联动控制系统安装调试合格，火灾探头、联动控制动作正确，并已通过消防部门验收。

4.9.3 消防供水水源可靠，管道畅通，压力满足设计要求。

4.9.4 发电机灭火系统检验合格。

4.9.5 主变压器灭火系统检验合格，主变压器油池与事故排油系统符合设计要求。

4.9.6 与机组电缆相关的防火堵料、防火隔板等安装完毕。

4.9.7 按机组启动试验大纲要求的临时性灭火器具配置完成。

4.9.8 非启动验收机组及设备安全隔离。

5 机组充水试验

5.1 充水条件

5.1.1 坝（堰）前水位蓄至最低发电水位以上。确认进水口工作闸门、进水阀及其旁通阀、蜗壳取（排）水阀、水轮机导水机构、尾水管排水阀、尾水闸门处于关闭状态，接力器锁锭投入。水轮机主轴检修密封、发电机制动处于投入状态。

5.1.2 确认电站检修排水系统、渗漏排水系统运行正常。

5.1.3 与充水有关的各通道和各层楼梯照明充足，照明备用电源可靠，通信联络设施完备，事故安全通道通畅，并设有明显的路向标志。

5.2 尾水管充水

5.2.1 充水过程中随时检查水轮机顶盖（卧式机组的前后盖）、导水机构、主轴密封、测压系统管路、尾水管进人门等处的漏水情况，记录测压表计的读数。

5.2.2 充水过程中应密切监视各部位渗、漏水情况，确保厂房及其他机组安全。发现漏水等异常现象时，应立即停止充水进行处理，必要时将尾水管排空。

5.2.3 待充水至与尾水平压后，提起尾水闸门，并锁定在门槽口上。

5.3 机组进水流道充水

5.3.1 对于有进水阀的机组，检查正常后向压力管道充水，监视压力管道水压表读数，检查压力管道充水情况，无异常后打开进水阀的旁通阀向机组充水，平压完成则关闭旁通阀打开进水阀。

5.3.2 有条件时，应测量进水阀的漏水量。

5.3.3 对于无进水阀的机组，则开启闸门的充水阀向机组充水，平压后提起闸门。

5.3.4 检查伸缩节、蜗壳进人门的漏水情况，监测蜗壳的压力上升情况。

5.3.5 检查水轮机顶盖（卧式机组的前后盖）、导水机构和主轴密封等的漏水情况及顶盖排水情况。

5.3.6 检查各测压表计及仪表管接头漏水情况，并监视水力量测系统各压力表计的读数。

5.3.7 充水过程中，压力管道通气孔的排气应通畅，蜗壳中的积气应完全排出。

5.3.8 蜗壳平压后，记录压力管道与蜗壳充水时间。

5.4 充水平压后的检查和试验

5.4.1 以手动或自动方式进行工作闸门静水启闭试验，调整、记录闸门启闭时间及压力表计读数。进行远方启闭操作试验，闸门应启闭可靠，位置指示准确。

5.4.2 设有事故紧急关闭闸门的操作回路时，则应在闸门控制室、机旁和电站中央控制室分别进行静水紧急关闭闸门的试验，检查油压启闭机或卷扬启闭机离心制动的工作情况，并测定关闭时间。

5.4.3 对于有进水阀的机组，当蜗壳充满水后，操作进水阀，检查阀体启闭动作情况。在手动操作试验合格后，进行自动操作的启闭动作试验，记录开启和关闭时间。观察厂房内渗漏水情况，及渗漏排水泵排水能力和运转的可靠性。

5.4.4 操作机组冷却水系统管路各阀门设备，使机组冷却水系统充水，并调整水压（或流量）符合设计要求，检查减压阀、滤水器、各部位管路、阀门及接头的工作情况。

6 机组空载试运行

6.1 启动前的准备

6.1.1 机组周围各层场地清理干净，吊物孔盖板盖好，通道通畅，照明充足，指挥通信系统布置就绪，各部位运行人员到位，振动、摆度等测量仪器仪表准备齐全。

6.1.2 充水试验中出现的问题已确认处理合格。

6.1.3 各部位冷却水、润滑水投入，水压、流量正常，润滑油系统、操作油系统工作正常，各油槽油位正常。

6.1.4 渗漏排水系统、压缩空气系统按自动方式运行正常。

6.1.5 记录上下游水位、各部位原始温度、压力等。

6.1.6 对使用高压油顶起发电机转子的机组，油压解除后，检查发电机制动器，确认其活塞全部完全落下。

6.1.7 漏油装置处于自动状态。

6.1.8 水轮机主轴密封投入，检修密封退出。

6.1.9 水轮机控制系统设备应符合下列要求：

    a) 油压装置至调速器主油阀阀门开启，调速器液压操作柜接通压力油，油压指示正常；油压装置处于自动运行状态。

b) 调速器的滤油器位于工作位置。

c) 调速器处于机械"手动"或电气"手动"位置。

d) 调速器的导叶开度限制位于全关位置；调速器（操作器）的导叶开度指示在全关位置。

e) 调速器的永态转差系数 b_p 调整至符合设计要求。

6.1.10 与机组有关的设备应符合下列要求：

a) 发电机出口断路器断开，或与主变压器低压侧的连接端断开。

b) 发电机转子集电环碳刷已研磨好安装完毕，碳刷拔出，无刷励磁机组励磁回路断开。

c) 水力机械保护和测温装置投入。

d) 所有试验用的短接线及接地线拆除。

e) 外接标准频率表监视发电机转速。

f) 发电机灭磁开关断开。

g) 机组现地控制单元处于工作状态，已接入外部调试检测终端，并具备安全监测、记录、打印各部位主要运行参数的功能。

6.2 首次手动启动试验

6.2.1 拔出接力器锁锭。

6.2.2 调速器采用手动方式控制接力器，手动缓慢开启导叶/喷针，待机组开始转动后，立即关闭导叶/喷针，由各部位观察人员检查和确认机组转动与静止部件之间无摩擦或碰撞情况。

6.2.3 确认各部位正常后，手动打开导叶/喷针启动机组，当机组转速接近 50%额定值时，暂停升速，观察各部位运行情况。检查无异常后继续增大导叶/喷针开度，使转速升至额定值，机组空载运行。对卧式机组，当机组升速至 80%额定转速（或规定值）后，可手动切除高压油顶起装置，并校验电气转速继电器相应的触点。

6.2.4 在机组升速过程中，应加强对各部位轴承温度的监视，不应有急剧升高及下降现象。机组启动达到额定转速后，在半小时内，应每隔 5min 测量一次推力轴瓦及导轴瓦的温度，以后可适当延长记录时间间隔，并绘制推力轴瓦及各部导轴瓦的温升曲线，观察轴承油面的变化，油位应处于正常位置。待温度稳定后标好各部油槽的运行油位线，记录稳定的温度值，此值不应超过设计规定值。

6.2.5 机组启动过程中,应密切监视各部位运转情况。若发现金属碰撞或摩擦、水轮机顶盖漏水量过大、瓦温突然升高、油槽甩油、振动、摆度过大等不正常现象，应立即停机检查。

6.2.6 当达到额定转速时，校验电气转速表，应指示正确。记录当时水头下机组的空负荷开度。

6.2.7 监视水轮机主轴密封及各部位水温、水压,记录水轮机顶盖排水泵运行情况和排水工作周期。

6.2.8 记录各部位水力量测系统表计读数和机组监测装置的表计读数（如测温点温度、蜗壳差压、机组流量等）。

6.2.9 测量并记录机组运行摆度（双振幅），其值应不大于 75%轴承总间隙或符合供货合同的有关规定。

6.2.10 测量并记录机组各部位振动，其值不应超过表 1 的规定。

表1 机组各部位振动允许值（双振幅）

机型	项	目	额定转速 r/min				
			≤100	>100～250	>250～375	>375～750	>750
			振动允许值 mm				
立式机组	水轮机	顶盖水平振动	0.09	0.07	0.05	0.03	0.025
		顶盖垂直振动	0.11	0.09	0.06	0.03	0.025

表 1（续）

机型	项 目	额定转速 r/min ≤100	>100～250	>250～375	>375～750	>750
		振动允许值 mm				
立式机组	水轮发电机 带推力轴承支架的垂直振动	0.08	0.07	0.05	0.04	0.03
	带导轴承支架的水平振动	0.11	0.09	0.07	0.05	0.04
	定子铁芯部位机座水平振动	0.04	0.03	0.02	0.02	0.02
	定子铁芯振动（100Hz）	0.03	0.03	0.03	0.03	0.03
卧式机组	各部轴承水平振动	0.12	0.10	0.10	0.10	0.10
	各部轴承垂直振动	0.11	0.09	0.07	0.05	0.03

6.2.11 当振动值超过表1时，应进行动平衡试验。动平衡试验应符合下列要求：

当发电机转子长径比小于1/3时，可只做单面动平衡试验；当长径比大于1/3时，应进行双面动平衡试验。动平衡试验应以装有导轴承的发电机上下机架的水平振动双幅值为计算和评判的依据，可采用专门的振动分析装置和相应的计算机软件。

6.2.12 对转速超过300r/min的机组，宜做动平衡试验。试验应符合6.2.11的要求。

6.2.13 测量发电机残压及相序，观察其波形，相序应正确，波形应完好。

6.3 机组空负荷运行下水轮机控制系统的试验

6.3.1 水轮机控制系统相关试验参照GB/T 9652.2。

6.3.2 机组应能在手动各种工况下稳定运行，具体要求参照GB/T 9652.1。

6.3.3 水轮机控制系统对引水系统的要求参照GB/T 9652.1。

6.4 手动停机及停机后的检查

6.4.1 机组稳定运行至各部位瓦温稳定后，可手动停机。

6.4.2 操作开度机构进行手动停机，当机组转速降至20%～30%额定转速（或制造厂规定值）时，手动投入机械制动装置直至机组停止转动，解除制动装置使制动器复位。对于卧式机组，手动解除高压油顶起装置，监视机组不应有蠕动。

6.4.3 停机过程中应作下列检查和记录：
a) 各轴承温度变化情况；
b) 转速继电器的动作情况；
c) 各油槽油位的变化情况；
d) 主令开关的动作情况；
e) 绘制停机转速和时间的关系曲线。

6.4.4 停机后投入接力器锁锭和检修密封，关闭主轴密封润滑水。

6.4.5 停机后应作下列检查和调整：
a) 各部位螺栓、销钉、锁片及键无松动或脱落；
b) 转动部分的焊缝无开裂；
c) 发电机挡风板、挡风圈、导风叶无松动或断裂；

d) 制动器的摩擦情况及动作的灵活性；
e) 在相应水头下，整定开度限制机构及相应空负荷开度触点；
f) 调整各油槽油位开关的位置触点。

6.5 过速试验及检查

6.5.1 将测速装置除最高过速保护动作点外的其他过速保护触点从水轮机保护回路中断开，监视其动作情况。

6.5.2 以手动方式使机组达到额定转速；待机组运转正常后，将导叶/喷针开度继续加大，使机组转速上升到额定转速的115%，测速装置发讯正常。

6.5.3 若机组运行无异常，继续将转速升至设计规定的过速保护整定值，电气与机械过速保护装置的动作应正常。

6.5.4 过速试验过程中应密切监视并记录各部位摆度和振动值，记录各轴承的温升情况及发电机空气间隙的变化。各部位不应有异常声响。

6.5.5 过速试验停机后应作如下检查和调整：
a) 发电机转动部分，如转子磁轭键、磁极键、阻尼环及磁极引线、磁轭压紧螺杆等应无松动或移位；
b) 发电机定子基础及上机架千斤顶应无异常；
c) 同6.4.5a)、b)、c)、d)；
d) 必要时调整过速保护装置。

6.6 无励磁自动开机和自动停机试验

6.6.1 无励磁自动开停机试验，应分别在机旁与中控室进行，并按分步操作、常规控制、计算机监控系统等控制方式进行试验。

6.6.2 自动开机前应确认：
a) 调速器处于"自动"位置，功率给定处于"空负荷"位置，频率给定置于额定频率，调速器参数在空负荷最佳位置，机组各附属设备均处于自动状态；
b) 确认所有水力机械保护回路均投入，且自动开机条件具备；
c) 确认接力器锁锭及制动器实际位置与自动回路信号相符。

6.6.3 自动开机应作如下检查和记录：
a) 自动开机程序正确；
b) 调速器工作正常；
c) 各辅助设备运行正常；
d) 测速装置的转速触点动作正确；
e) 记录自发出开机脉冲至机组达到额定转速的时间。

6.6.4 自动停机应作如下检查和记录：
a) 自动停机程序正确；
b) 调速器及自动化元件动作正确可靠；
c) 测速装置转速触点动作正确；
d) 记录自发出停机脉冲至机组转速降至制动转速所需时间；
e) 机械制动装置自动投入正确并记录自制动器加闸到机组全停的时间。

6.6.5 自动开机，模拟各种机械与电气事故，检查事故停机回路与流程，确认正确可靠。

6.6.6 分别在现地、机旁、中控室等部位检查紧急事故停机按钮，确认紧急事故停机回路动作可靠。

6.7 水轮发电机升流试验

6.7.1 发电机升流试验应具备的条件：
a) 发电机机端设置可靠的三相短路线，若三相短路点设在发电机断路器外侧，应采取措施防止断路器跳闸。

b) 用厂用电或其他方式提供主励磁装置电源。
c) 投入机组保护。

6.7.2 手动开机至额定转速，机组各部位运转应正常。

6.7.3 励磁装置手动方式运行，合灭磁开关，通过励磁装置手动升流至25%定子额定电流，检查发电机各回路电流，确认其正确、对称。

6.7.4 各继电保护电流回路的极性和相位以及测量表计接线及指示应正确，宜绘制向量图。

6.7.5 在发电机额定电流下，测量机组振动与摆度，检查碳刷及集电环工作情况。

6.7.6 在发电机额定电流下，跳开灭磁开关，检验灭磁过程，宜录制发电机在额定电流时灭磁过程的曲线。

6.7.7 每隔10%定子额定电流记录定子电流与转子电流，绘制发电机三相短路特性曲线。

6.7.8 测量定子绕组对地绝缘电阻、吸收比或极化指数，应满足如下要求，若不能满足，应采取措施进行干燥：

a) 绝缘电阻（换算到100℃时）满足式（1）的要求：

$$R \geq \frac{U}{\left(1000+\dfrac{S}{100}\right)} \tag{1}$$

式中：
R——绝缘电阻（MΩ）；
U——定子额定电压（V）；
S——发电机额定容量（kVA）。

b) 吸收比（40℃以下时）不小于1.6；极化指数不小于2.0。

6.7.9 升流试验合格后模拟水轮机事故停机，并拆除发电机短路点的短路线。

6.8 水轮发电机升压试验

6.8.1 发电机升压试验应具备的条件：
a) 发电机保护装置、辅助设备及信号回路电源投入。
b) 发电机振动、摆度装置投入。若有定子绕组局部放电监测系统，投入并记录局部放电数据。
c) 发电机断路器在断开位置，或与主变压器低压侧的连接端断开。
d) 主励磁装置具备升压条件。

6.8.2 自动开机至空负荷额定转速后机组各部位运行应正常，三相电压应对称。

6.8.3 对于高阻接地方式的机组，应在发电机中性点设置单相接地点，递升接地电流，直至保护装置动作。检查动作正确后投入接地保护装置。

6.8.4 手动升压至25%额定电压值，并作如下检查：
a) 发电机及引出母线、发电机断路器、分支回路等设备带电正常；
b) 机组运行中各部位振动及摆度正常；
c) 电压回路二次侧相序、相位和电压值正确。

6.8.5 升压至50%额定电压，跳开灭磁开关检查灭弧情况，宜录制灭磁过程曲线。

6.8.6 继续升压至发电机额定电压值，检查带电范围内一次设备运行情况，测量二次电压的相序与相位，测量机组振动与摆度；测量发电机轴电压，检查轴电流保护装置。

6.8.7 在额定电压下跳开灭磁开关，检查灭弧情况，宜录制灭磁过程曲线。

6.8.8 零起升压，每隔10%额定电压记录定子电压、转子电流与机组频率，录制发电机空负荷特性的上升曲线。

6.8.9 继续升压，测量并记录发电机定子最高电压。对于有匝间绝缘的发电机，在最高电压下应持续5min。进行此项试验时，定子电压应不超过1.3倍额定电压。

6.8.10 由额定电压开始降压，每隔10%额定电压记录定子电压、转子电流与机组频率，记录并绘制发电机空负荷特性的下降曲线。

6.9 水轮发电机空负荷下励磁系统的调整和试验
励磁系统的调整和试验参照 GB/T 7409.3。

7 机组带主变压器及高压配电装置试验

7.1 短路升流试验
7.1.1 短路升流试验前的条件：
   a) 主变压器高压侧及高压配电装置的适当位置设置可靠的三相短路点，并采取切实措施确保升流过程中回路不致开路；
   b) 投入发电机继电保护、水轮机保护装置，主变压器冷却器及其控制信号回路运行正常。

7.1.2 短路点的数量、升流次数应根据电站本期拟投入的回路数确定，升流范围应包括全部新投入的回路。

7.1.3 开机后递升增加电流，检查各电流回路的通流情况和表计指示，检查主变压器、母线和线路保护的电流极性和相位，绘制电流向量图。

7.1.4 7.1.3款检查正确后，投入主变压器、高压引出线（或高压电缆）、母线的保护装置。

7.1.5 继续分别升流至 50%、75%、100%发电机额定电流，检查主变压器与高压配电装置的工作情况。

7.1.6 升流结束后，模拟主变压器保护动作，检查跳闸回路，相关断路器应可靠动作。

7.1.7 拆除主变压器高压侧及高压配电装置各短路点的短路线。

7.2 单相接地试验
7.2.1 根据单相接地保护方式，在主变压器高压侧设置单相接地点。

7.2.2 将主变压器中性点直接接地。开机后递升单相接地电流至保护动作，保护回路动作应正确可靠，动作值与整定值一致。

7.2.3 试验完毕后拆除单相接地线，投入单相接地保护。

7.3 升压试验
7.3.1 投入发电机、主变压器、母线等继电保护装置。

7.3.2 升压范围应包括本期拟投运的所有高压一次设备。首台机组试运行时因高压配电装置投运范围较大，升压可分几次进行。

7.3.3 手动递升电压，分别在发电机额定电压值的 25%、50%、75%、100%等情况下检查一次设备的工作情况。

7.3.4 二次电压回路和同期回路的电压相序和相位应正确。

7.4 高压配电装置母线受电试验
7.4.1 系统电压的相序应与电站高压母线相同。

7.4.2 在系统电源对送出线路输电后，利用系统电源对高压配电装置母线进行冲击，无异常后高压母线受电。

7.5 电力系统对主变压器冲击合闸试验
7.5.1 主变压器冲击合闸试验应从高压侧进行，试验前主变压器与发电机可靠断开；若主变压器为三圈变压器，或机端设有厂用变压器，可将主变压器中压侧或机端厂用变压器同时断开；发电机与主变压器采用直接连接方式时，可不进行变压器冲击合闸试验。

7.5.2 投入主变压器的继电保护装置，主变压器冷却系统控制、保护及信号装置工作正常。

7.5.3 主变压器设有中性点接地开关时，应投入。

7.5.4 投入主变压器高压侧断路器，利用系统电源对主变压器冲击，进行5次冲击合闸,每次间隔约10min,主变压器应无异常，录制主变压器冲击时的激磁涌流曲线。

7.5.5 检查主变压器差动、过流、过压等保护的工作情况。

7.5.6 进行厂用变压器的 3 次冲击合闸试验，测量厂用变压器低压侧二次电压及相序。

7.5.7 利用系统电源带厂用电，进行厂用电源切换试验。

7.5.8 额定电压为 110kV 及以上的变压器，在冲击试验前、后应对变压器油作色谱分析。

8 机组并列及负荷试验

8.1 机组并列试验

8.1.1 同期回路应正确。

8.1.2 断开同期点隔离开关，分别以手动与自动准同期方式进行机组的模拟并列试验；检查同期装置的工作情况，宜录制发电机电压、系统电压、断路器合闸脉冲曲线。

8.1.3 进行机组的手动与自动准同期正式并列试验，宜录制发电机电压、系统电压等曲线。

8.1.4 按设计规定，分别进行各同期点的模拟并列与正式并列试验。

8.2 机组带负荷试验

8.2.1 机组带、甩负荷试验应相互穿插进行。机组初带负荷后，应检查机组及相关机电设备各部位运行情况，无异常后可根据系统情况进行甩负荷试验。

8.2.2 有功功率应逐级增加，观察并记录机组各部位运转情况和各仪表指示。观察和测量机组在各种负荷工况下的振动范围及其数值，测量尾水管压力脉动值，观察水轮机补气装置工作情况；宜进行补气试验。

8.2.3 水轮机控制系统在频率和功率控制方式下，机组调节稳定，相互切换平稳。对于转桨式水轮机，调速系统的协联关系应正确。

8.2.4 根据现场情况使机组突变负荷，其变化量不宜大于额定负荷的 10%，记录机组转速、蜗壳水压、尾水管压力脉动、接力器行程和功率变化等的过渡过程。负荷增加过程中，应注意观察监视机组振动情况，记录相应负荷与机组水头等参数。若在当时水头下机组有明显振动，应快速越过该区域。

8.2.5 励磁系统试验参照 GB/T 7409.3。

8.2.6 调整机组有功负荷与无功负荷时，应先分别在现地调速器与励磁装置上进行，再通过计算机监控系统控制调节。

8.3 机组甩负荷试验

8.3.1 机组甩负荷试验应在额定负荷的 25%、50%、75% 和 100% 下分别进行，按附录 A 的格式记录有关数值，同时应录制过渡过程的各种参数变化曲线及过程曲线，记录各部位瓦温的变化情况。机组甩 25% 额定负荷时，记录接力器不动时间。检查并记录真空破坏阀的动作情况与主轴补气情况。

8.3.2 若受电站运行水头或电力系统条件限制，机组不能按上述要求带、甩额定负荷时，可根据当时条件对甩负荷试验次数与数值进行适当调整，最后一次甩负荷试验应在所允许的最大负荷下进行。

8.3.3 在额定功率因数条件下，机组突甩负荷时，检查自动励磁调节器的稳定性和超调量。当发电机突甩额定有功负荷时，发电机电压超调量不应大于额定电压的 15%，振荡次数不超过 3 次，调节时间不大于 5s。

8.3.4 机组甩负荷时，检查水轮机控制系统的动态调节性能，校核导叶接力器紧急关闭时间和关闭规律、蜗壳水压上升率、机组转速上升率等，满足调节保证计算要求。

8.3.5 机组甩负荷后调速器的动态品质应达到如下要求（操作器除外）：

    a) 甩 100% 额定负荷后，在转速变化过程中超过稳态转速 3% 以上的波峰不应超过 2 次。

    b) 从机组甩负荷时起，到机组转速相对偏差小于 ±1% 为止的调节时间与从甩负荷开始至转速升至最高转速所经历的时间的比值，中、低水头反击式水轮机应不大于 8，高水头反击式水轮机和冲击式水轮机应不大于 15。从电网解列后给电厂供电的机组，甩负荷后机组的最低相对转速不低于 0.9（投入浪涌控制或桨叶关闭时间较长的轴流转桨式机组除外）。

    c) 转速或指令信号按规定形式变化，接力器不动时间不大于 0.2s。

8.3.6 机组甩负荷后，校核分段关闭规律并检查机组突然甩负荷引起的抬机情况。

8.3.7 机组带额定负荷时，宜进行下列各项试验：
- a) 调速器低油压关闭导叶试验。
- b) 事故配压阀动作关闭导叶试验。
- c) 根据设计要求和电站具体情况，进行动水关闭工作闸门或关闭进水阀的试验。
- d) 受电站水头或电力系统条件限制，机组不能带额定负荷时，可按当时条件在尽可能大的负荷下进行上述试验。

8.4 机组调相运行试验

有调相运行要求的机组参照 DL/T 507 执行。

8.5 机组进相运行试验

有进相运行要求的机组参照 DL/T 507 执行。

8.6 机组最大出力试验

8.6.1 根据机组供货合同，在现场有条件时，进行机组最大出力试验。

8.6.2 机组最大出力试验在供货合同规定的功率因数和发电机最大视在功率下进行，最大出力下运行时间应不小于 4h，记录机组各部位温升、振动、摆度、有功和无功功率值，记录接力器行程和导叶/喷针开度，校对水轮机运转特性曲线和制造厂保证值。

9 机组 72h 带负荷连续试运行

9.1 完成 8.1～8.3 项试验内容并经验证合格后，机组已具备并入电力系统带额定负荷连续 72h 试运行的条件。

9.2 若由于电站运行水头不足或电力系统条件限制等原因，使机组不能达到额定出力时，可根据当时的具体条件确定机组应带的最大负荷，在此负荷下进行连续 72h 试运行。

9.3 根据运行值班制度，记录试运行所有有关参数。

9.4 在 72h 连续试运行中，由于机组及相关机电设备的制造、安装质量或其他原因引起运行中断，经检查处理合格后应重新开始 72h 的连续试运行，中断前后的运行时间不应累加计算。

9.5 72h 连续试运行后，应停机进行机电设备的全面检查。除需对机组、辅助设备、电气设备进行检查外，必要时还应将蜗壳、压力管道及引水系统内的水排空，检查机组过流部分及水工建筑物和排水系统。

9.6 消除并处理 72h 试运行中所发现的所有缺陷。

9.7 机组通过 72h 试运行并经停机处理所有缺陷后，完成启动验收，提供初步验收证书，或办理机组设备的移交证书，同时计算机组设备的质量保证期。

附 录 A
（资料性附录）
水轮发电机组甩负荷试验记录表格式

水轮发电机组甩负荷试验记录表格式见表 A.1。

表 A.1 水轮发电机组甩负荷试验记录表

机组负荷 kW														
记录时间		甩前	甩时	甩后	甩前	甩时	甩后	甩前	甩时	甩后	甩前	甩时	甩后
机组转速 r/min														
导叶开度 %														
导叶关闭时间 s														
接力器活塞往返次数														
调速器调节时间 s														
蜗壳实际压力 MPa														
真空破坏阀开启时间 s														
吸出管真空度 mmH$_2$O														
大轴法兰处运行摆度	mm													
上导轴承处运行摆度														
水导轴承处运行摆度														
卧式机组运行摆度														
上、下机架振动	水平	mm												
	垂直													
定子振动	水平	mm												
	垂直													
转速上升率 %														
水压上升率 %														
永态转差系数	指示值 %													
	实际值 %													

表 A.1（续）

机组负荷 kW												
记录时间	甩前	甩时	甩后	甩前	甩时	甩后	甩前	甩时	甩后	甩前	甩时	甩后
转轮叶片关闭时间 s												
喷针关闭时间 s												
折向器关闭时间 s												
喷针开度（°）												
折向器开度（°）												
转轮叶片角度（°）												
转动部分上抬量 mm												

上游水位：　　　　　　　下游水位：　　　　　　　记录整理：
技术负责人：　　　　　　年　月　日

注1：转速上升率 = $\dfrac{\text{甩负荷时最高转速} - \text{甩负荷前稳定转速}}{\text{甩负荷前稳定转速}} \times 100\%$

注2：水压上升率 = $\dfrac{\text{甩负荷最高水压} - \text{甩负荷前水压}}{\text{甩负荷前水压}} \times 100\%$